"少年轻科普"丛书

生物饭店
奇奇怪怪的食客与意想不到的食谱

史军 / 主编

临渊 / 著

广西师范大学出版社
·桂林·

图书在版编目(CIP)数据

生物饭店：奇奇怪怪的食客与意想不到的食谱／史军
主编.—桂林：广西师范大学出版社，2018.7(2019.7重印)
（少年轻科普）
ISBN 978 - 7 - 5598 - 0870 - 7

Ⅰ.①生…　Ⅱ.①史…　Ⅲ.①动物-少儿读物
Ⅳ.①Q95 - 49

中国版本图书馆 CIP 数据核字(2018)第 097397 号

出 品 人：刘广汉
责任编辑：刘美文
项目编辑：杨仪宁　郑　直
封面设计：DarkSlayer
内文设计：译出传播　孙吉明
插　　画：PY 小朋友
广西师范大学出版社出版发行

（广西桂林市五里店路 9 号　　邮政编码：541004）
（网址：http://www.bbtpress.com　　　　　　）
出版人：张艺兵
全国新华书店经销
销售热线：021 - 65200318　021 - 31260822 - 898
山东临沂新华印刷物流集团有限责任公司印刷
（临沂高新技术产业开发区新华路 1 号　邮政编码：276017）
开本：720mm ×1 000mm　　1/16
印张：7.75　　　　　　字数：55 千字
2018 年 7 月第 1 版　　2019 年 7 月第 3 次印刷
定价：39.00 元

如发现印装质量问题，影响阅读，请与出版社发行部门联系调换。

每位孩子都应该有一粒种子

在这个世界上，有很多看似很简单，却很难回答的问题，比如说，什么是科学？

什么是科学？在我还是一个小学生的时候，科学就是科学家。

那个时候，"长大要成为科学家"是让我自豪和骄傲的理想。每当说出这个理想的时候，大人的赞赏言语和小伙伴的崇拜目光就会一股脑地冲过来，这种感觉，让人心里有小小的得意。

那个时候，有一部科幻影片叫《时间隧道》。在影片中，科学家们可以把人送到很古老很古老的过去，穿越人类文明的长河，甚至回到恐龙时代。懵懂之中，我只知道那些不修边幅、蓬头散发、穿着白大褂的科学家的脑子里装满了智慧和疯狂的想法，它们可以改变世界，可以创造未来。

在懵懂学童的脑海中，科学家就代表了科学。

什么是科学？在我还是一个中学生的时候，科学就是动手实验。

那个时候，我读到了一本叫《神秘岛》的书。书中的工程师似乎有着无限的智慧，他们凭借自己的科学知识，不仅种出了粮食，织出了衣服，造出了炸药，开凿了运河，甚至还建成了电报通信系统。凭借科学知识，他们把自己的命运牢牢地掌握在手中。

于是，我家里的灯泡变成了烧杯，老陈醋和碱面在里面愉快地冒着泡；拆解开的石英钟永久性变成了线圈和零件，只是拿到的那两片手表玻璃，终究没有变成能点燃火焰的透镜。但我知道科学是有力量的。拥有科学知识的力量成为我向往的目标。

在朝气蓬勃的少年心目中，科学就是改变世界的实验。

什么是科学？在我是一个研究生的时候，科学就是炫酷的观点和理论。

那时的我，上过云贵高原，下过广西天坑，追寻骗子兰花的足迹，探索花朵上诱骗昆虫的精妙机关。那时的我，沉浸在达尔文、孟德尔、摩尔根留下的遗传和演化理论当中，惊叹于那些天才想法对人类认知产生的巨大影响，连吃饭的时候都在和同学讨论生物演化理论，总是憧憬着有一天能在《自然》和《科学》杂志上发表自己的科学观点。

在激情青年的视野中，科学就是推动世界变革的观点和理论。

直到有一天，我离开了实验室，真正开始了自己的科普之旅，我才发现科学不仅仅是科学家才能做的事情。科学不仅仅是实验，验证重力规则的时候，伽利略并没有真的站在比萨斜塔上面扔铁球和木球；科学也不仅仅是观点和理论，如果它们仅仅是沉睡在书本上的知识条目，对世界就毫无价值。

科学就在我们身边——从厨房到果园，从煮粥洗菜到刷牙洗脸，从眼前的花草大树到天上的日月星辰，从随处可见的蚂蚁蜜蜂到博物馆里的恐龙化石……

处处少不了它。

其实，科学就是我们认识世界的方法，科学就是我们打量宇宙的眼睛，科学就是我们测量幸福的尺子。

什么是科学？在这套"少年轻科普"丛书里，每一位小朋友和大朋友都会找到属于自己的答案——长着羽毛的恐龙、叶子呈现宝石般蓝色的特别植物、僵尸星星和流浪星星、能从空气中凝聚水的沙漠甲虫、爱吃妈妈便便的小黄金鼠……都是科学表演的主角。"少年轻科普"丛书就像一袋神奇的怪味豆，只要细细品味，你就能品咂出属于自己的味道。

在今天的我看来，科学其实是一粒种子。

它一直都在我们的心里，需要用好奇心和思考的雨露将它滋养，才能生根发芽。有一天，你会突然发现，它已经长大，成了可以依托的参天大树。树上绽放的理性之花和结出的智慧果实，就是科学给我们最大的褒奖。

编写这套丛书时，我和这套书的每一位作者，都仿佛沿着时间线回溯，看到了年少时好奇的自己，看到了早早播种在我们心里的那一粒科学的小种子。我想通过"少年轻科普"丛书告诉孩子们——科学究竟是什么，科学家究竟在做什么。当然，更希望能在你们心中，也埋下一粒科学的小种子。

"少年轻科普"丛书主编　史军

目录
CONTENTS

欢迎来到生物饭店

嗨，你知道吗？每时每刻，都有富有传奇色彩的故事，发生在我们这个美丽、可爱、神秘又古怪的星球之上！

在这颗星球的某个地方，覆盖着大片大片低矮的灌木丛、杂乱的草、鲜艳的花，以及各种各样高耸入云的树木。它们沿着河流伸向远方，绵延达上千千米。就在这个森林的最深处，有一家神秘的"生物饭店"总部。老板娘是一个俏丽的、爱说爱笑的小姑娘，她管理着地球上所有生物的吃饭问题——这真是一个严肃又令人头大的问题，好在她雇佣了无数小二哥、厨师，还有打杂的伙计。

每天，这里都有许多奇奇怪怪的食客上门，带着它们让人意想不到、大跌眼镜的用餐要求，有无数搞笑的故事上演。

有趣的、好玩的、稀奇的、你知道的、你不知道的，以及你一知半解的……一切尽在"生物饭店"！

下面，就让老板娘和她的员工们，为大家讲述生物饭店和客人们的故事吧。

姓名： 小田

职务： 小二哥 1 号

这是只机灵又善良的小田鼠，就是有点馋，还有点胆儿小。

姓名： 葵葵

职务： 小二哥 2 号

这是条有点可爱有点懒的小丑鱼，专门负责生物饭店的海洋区旗舰店。最大的爱好就是躲进海葵员工屋里。

姓名：朱朱

职务：接线员兼订餐专员

有着八条腿的蜘蛛小妹极其擅长联络工作，比如网络订餐，比如接电话，比如八卦……她甚至可以同时操作两台手机和两台电脑！

驼鹿、黄鼠狼、鲣鸟……只要有需要，许许多多动物都可以变身"大厨师"，奉上一道道古怪的、有趣的"大餐"！

姓名：没人知道

职务：老板娘

这是个俏丽、爱笑、有点调皮的小姑娘，有着最丰富的生物知识，酷爱和各种动物、植物打交道。

01

CUSTOMER

顾客

黄金鼠

又呆又萌又聪明，

喜欢种子和粮食，爱干净爱卫生更爱节俭——

如果"嗯嗯"出的便便中还有没消化的养分，那就再吃一次！

请给我来一份便便

今天，生物饭店来了一位可爱的小客人。它长得鼠模鼠样，有两只灵动的眼睛，一身金黄色的绒毛，呲着几颗小牙，别提多萌了。

"客人一位，您请这边坐！"小二哥第一时间跑过去热情招呼，同时对着后厨高喊道："小麦种子一碟！"

"不！我不要这个！"这位小客人细声细气地回绝了。

小二哥忙连珠炮似的追问："那蔬菜怎么样？有白菜、青菜，还有蘑菇……哦，你不喜欢。那水果呢？酸酸甜甜的柠檬怎么样？"

小客人终于有机会表达意见："不，这些我都不要！先来一道开胃菜吧，最好是黄金鼠妈妈的便便——有着妈妈的味道……"

啊！真恶心！小二哥郁闷地退下了。

稳坐在服务台后面的老板娘却笑坏了："哈哈，小二哥你刚来，还不知道。这位小客人是小黄金鼠，它点的黄金鼠妈妈的便便，可是一道相当棒的营养品呢！咱们刚请了一位黄金鼠妈妈当大厨，记得提醒它一定要用柔软的、新鲜的、热腾腾的便便，客人保证满意。好啦，快把单子传到后厨去，回头我再给你细说。"

小黄金鼠吃得开心，满意而归。打烊后，老板娘开始对小二哥进行新一轮的补课：原来，黄金鼠妈妈有些便便非常特别，它并不是彻底的垃圾，而是一种"半消化食物"——黄金鼠妈妈所吃的食物纤维，在盲肠里时会被细菌分解成碳水化合物，而这些碳水化合物没有被吸收就被排泄掉了。黄金鼠宝宝把这些便便吞到嘴里，咀嚼一会儿再吐出来，不但能获取营养，还能得到一种"好细菌"——这种细菌能帮助它们消化食物，所以这些便便对于小鼠宝宝来说非常必要。只有成年黄金鼠的肠道里才有这种特殊的便便。因此，等小黄金鼠长大后，它为了得到这种细菌和更多的营养，就会自产自销——悄悄地把自己的便便吃了。

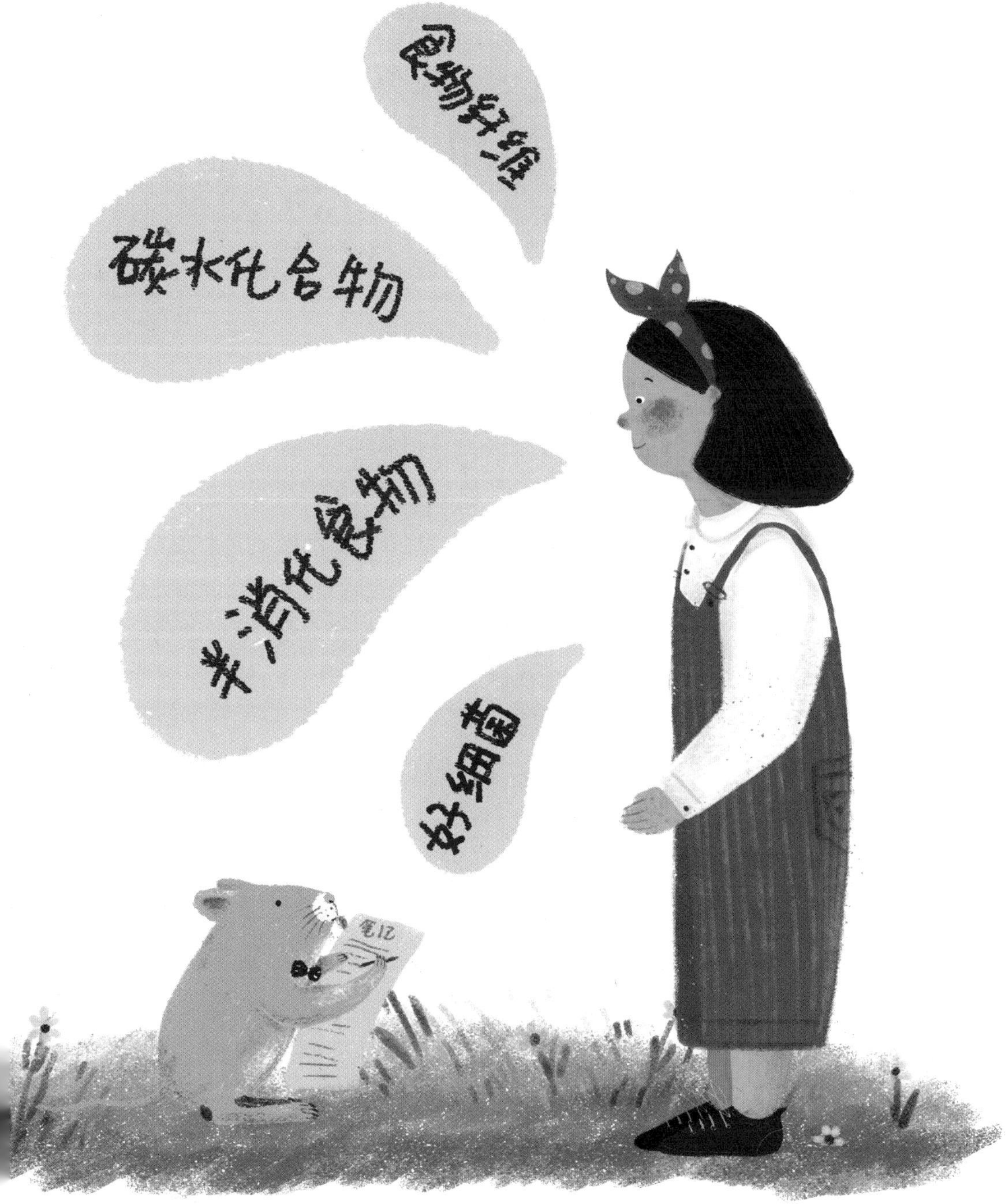
食物纤维
碳水化合物
半消化食物
好细菌
笔记

02
CUSTOMER
顾客

非洲象

别惹它们！

在这个世界上，比遇到一头发火的非洲象更可怕的，

是遇到一群发火的非洲象……

大象要吃石块

　　小石头和沙子一向是生物饭店最畅销的食品之一。

　　据说早在恐龙时代，植食性恐龙就喜欢吃这个，而恐龙的后代们，比如鸵鸟、鸡、鸽子等也都爱吃石头。它们都有一个坚韧的胃，这些小石子不仅伤不了它们的胃，还会帮助它们磨碎胃里的食物，有助消化。对于这类客人，生物饭店里的所有员工都极为欢迎。

这天来的一群客人也点了一份"石块饭"，这可让饭店里的员工们困惑不已。为什么呢？因为这群客人是非洲肯尼亚的大象——它们虽然"象高马大"的，但生性温和，常常点的是素食，比如树枝、树叶、野草和树皮。有时，一头大象一顿就要吃二百多千克素食呢。可是今天它们要吃的却是石头，还点名要"肯尼亚吉达姆洞里的石头"。

　　小二哥慌了，这个要求可怎么满足啊！"老板娘！"找到老板娘后，小二哥的眼泪都要下来了，"这群大象怎么改了胃口啊？"

我们要一份石块饭……

吉达姆山洞

　　"嘻嘻。"老板娘笑了起来，说道，"这里面的学问多着呢！不是大象改了口味，而是由于它们住的地方降雨充沛，常常会滤去地表土壤中的矿物盐，比如钠、钙、镁等，因此这些大象吃的草中就会缺少这些重要的矿物质。而吉达姆洞的石头上，常常覆盖着从地表冲刷出来的矿物盐，所以经常有大象去吃那里的石块。别担心，这点事儿我早有安排！你快去接待客人吧，不然这些大象就要发怒啦！那可不是好玩的。还记不记得，它们发脾气的时候曾经杀死过一头犀牛！"

　　"我的天啊！"小二哥唰的一下跑走了，"尊贵的客人，你们好……"

03
CUSTOMER
顾客

潜叶蝇 / 潜蝇姬小蜂

一定要小心啊！

否则，辛辛苦苦生下的孩子，

一转眼的工夫就可能成了他人的食物……

给我一片新鲜的叶子

"给我一片叶子，最好是豌豆的叶子！……算了算了！甜菜、油菜、白菜的叶子都行，要新鲜的。快点，快点！"潜叶蝇太太一进门，就急匆匆地说道。

小二哥慌里慌张地端来一盘新鲜豌豆，还没等摘下叶子，就被潜叶蝇太太抢去了："好啦！你忙你的吧，我自己来。"

好不容易等小二哥招呼完其他客人，却不见了潜叶蝇太太，但那片叶子还在。

"哎呀，潜叶蝇太太呢？要得这么急，怎么没吃完就走了？剩了这么多……哎呀，叶子背面是什么？好多卵啊！"

生物饭店

"哈哈，潜叶蝇太太一定是给她的孩子要的菜。"一旁的潜蝇姬小蜂小姐奸笑起来，"要不了多久，这些卵就会孵化成只有几毫米的小幼虫。这些双翅目的幼虫虽然口器退化，吃东西的能力却一点也不差。它们会钻进叶片里，利用自己锋利的口器一点一点地吃掉叶子表皮层之间的叶肉。哼哼，它们不吃到羽化成虫，是不会出来的。不信？你完全可以自己看，过一段时间，这片叶片上肯定会留下银白色弯弯曲曲的线条，而且会越来越宽，那是幼虫越长越大的缘故，这线条就是它们的行走路线图。"

　　"咦，你怎么知道的？"小二哥问。

　　"你把这片叶子给我，我就告诉你。"潜蝇姬小蜂小姐狡猾地说。

　　"不许给它。"默不作声的老板娘突然插话了，"小姐，你太过分了！你是想把自己的卵产到潜叶蝇太太的孩子体内，供自己的孩子食用吧！这片叶子我们会自己处理，你快离开吧！哦，别忘了付饭钱！"

生物饭店　　　　　　　PAGE _021

04
CUSTOMER
顾客

蚓螈

蚓螈属于裸蛇目，是两栖类中发现物种最少的一类。

有一种蚓螈，尤其独特，幼年时"乳牙"像铲子一样，可以轻易咬下妈妈的皮肤。

然而，随着它逐渐长大，"乳牙"脱落，长出了尖利的圆锥形牙齿，

它就变成了机会主义掠食者。

我爱吃妈妈的皮

今天，小二哥从外面进货回来的时候，带回了一个可怜的小家伙。当他把小客人放到桌子上后，员工们个个同情心大发。

"哎呀，好可怜好小的小蚯蚓啊！"

"小蚯蚓，你多大啦？我给你搞点花园土吃吃，好不好？"

"听说你们爱吃甜食，糖可以吗？"

大家的议论声太大，以至于惊动了老板娘。老板娘一看，大惊失色地喊了起来："小二哥，你怎么搞的？怎么把刚出生的蚓螈宝宝带回来了？快去给它找奶妈！不，快去把它妈妈请来！"

小二哥急匆匆地出去了，老板娘看着可怜的小家伙，给大家普及起了知识。

原来，这位貌似蚯蚓的家伙实际上是小蚓螈。它长大了也和蚯蚓一样，有圆滚滚的身体，没有尾巴，没有脚，但它的体型要比蚯蚓大得多。蚓螈是什么都吃的杂食动物，蚯蚓、白蚁、蟋蟀以及蝗虫等都是它们的食物。但是，刚从卵里孵化出来的小蚓螈却不吃这些，它们的第一餐，往往是妈妈身上的皮肤——小蚓螈生

来就有牙齿，它可以用牙齿把妈妈身上的外层皮肤撕咬下来吃掉。这层皮肤含有与牛奶差不多的营养物质，能够补充宝宝的脂肪，帮助它们健康成长。

哦，各位别替蚓螈妈妈难过。作为两栖动物，蚓螈都会经历蜕皮阶段，它们的皮肤还会重新长出来。事实上，这种以母亲身体为食的喂养方式拥有极为悠久的历史，至少可追溯到一亿年前。当然了，你们不知道也不奇怪，因为这种动物现在并不常见了。

05

CUSTOMER
顾客

屎壳郎 / 甲虫 / 白蚁 / 蝎子 / 蜈蚣 / 蟋蟀 / 青蛙

你能想象吗？

一坨热气腾腾、新鲜出炉的非洲象的大便，

就能轻而易举地把这些家伙从四面八方吸引过来……

有大象的便便吗

"你们说稀奇不稀奇！"这天早晨刚一开始营业，接线员蜘蛛小妹就大喊起来："我干这行也有好几年了，还真没接过这种电话，是一大票团购哦！"

"这有什么稀奇的？"小二哥哼了一声，"团购年年有，今年也不少。你真是少见多怪。"

"可是、可是，我根本没有想到这群顾客会凑在一起团购啊！你想想看，屎壳郎、甲虫、白蚁、蝎子、蜈蚣、蟋蟀，还有青蛙！更难以想象的是，它们都强烈要求团购非洲象的便便！"

"非洲象的便便啊？我们有的是，保证新鲜，味道可口！让它们尽管来！"厨房里的非

厨师推荐

姓名：非洲象
职务：大厨师

喂，这里是生物饭店……

洲象大厨师毫不在乎地插嘴道，"一头大象一天至少能拉上百斤便便，我们这里有一百多位大厨师呢！"

"可是、可是……"接线员小妹还是想不通，于是万能的老板娘出来答疑解惑啦："现在是旱季了，天气又热又干旱。对于这群客人来说，一大堆新鲜的、内部比较潮湿的、温度也比外界低的大象便便就成了一个很好的藏身地，所以白蚁、蟋蟀它们都会搬进来，避暑降温。至于屎壳郎，它们才是真正的食客呢，因为它们知道非洲象虽然身材庞大，消化系统却不怎么样，食物中差不多有一半的营养，比如大量没消化的物质，都会随便便一起排出来，所以屎壳郎是去便便里面找吃的。而青蛙是跟着来找无脊椎动物吃的。总之，大象拉的不仅仅是便便，还是一个小小的生态圈哦。"

"好啦！非洲象大厨师，快吃饭吧，多吃点，这样才能多拉便便啊！"老板娘喊了起来，"还有，小二哥，找个合适的地方，直接把这群客人请到便便里去。它们估计要在里面住上好一阵子呢！"

06

CUSTOMER

顾客

苹果树 / 槲寄生 / 槲鸫

是的，你没有看错，

一旦植物和动物走到一起，

总会有一些不同寻常的故事发生……

请让槲寄生鸟吃掉我的孩子们吧

今天，生物饭店里来了一位奇怪的客人。

它是一株植物，小二哥领它进来的时候，同时还带进来一棵苹果树，因为这株植物就长在苹果树的身上。

它有点羞怯地自我介绍说："苹果树是我的'干妈'，因为我不能完全自力更生，只好寄生在它身上。但我又不是真正的'寄生虫'——我也会用绿叶进行光合作用为自己制造食物。当然，我也依赖'干妈'，需要用长长的吸根从'干妈'身上吸取水分和养分。"

"我知道你们是地球上最大的连锁饭店。"这位客人十分恳切地说，"我相信在这儿一定能遇到我要找的槲鸫，也就是槲寄生鸟，我想请它们把我的孩子们吃掉！"

生物饭店的客人们都瞪大了眼睛，看着它的孩子们——小小的、圆圆的浆果，成簇成簇地长在一起，别提多可爱多漂亮啦。

TIPS
吸根

一种很长，形状像根的凸物，可以从寄主的枝干中吸取树液。

这个要求实在太不可思议了，可是这位植物妈妈说得很坦白："我叫槲寄生，我的孩子们需要槲寄生鸟——只有这样，我的孩子才能离开家庭、独立生活。"

　　"我一定会帮你找到槲寄生鸟的，这位妈妈，请放心吧！说不定，槲寄生鸟就在路上呢，因为它们也需要你们，就像你们需要它们一样。"老板娘马上答应了下来。因为她深深明白：槲寄生鸟喜欢吃槲寄生的孩子——实际上，它们是一种浆果，味道一向不错。不过，吃下这些浆果之后，槲寄生鸟的肠胃却消化不掉里面的种子；而种子由于粘上了果实内黏黏的汁液，就会变得更有黏性。因此，当槲寄生鸟拉便便的时候，种子就会粘在屁股上。屁股上有一堆黏黏的便便实在不好受，槲寄生鸟就会忍不住在其他树（尤其是苹果树）上拼命地蹭啊蹭……最后，带着槲寄生种子的便便就会留在树上。靠着鸟粪里的肥料，种子很快就能在树上长出吸根，吸根穿透树枝的表皮，开始汲取树干的水分和营养，同时长出一片片绿油油的叶子，新的人生就这样开始啦！

07

CUSTOMER

顾客

老虎

真正的山中大王,从来不屑于与其他动物为伍。

它是孤独的,也是一位真正的杀手,

在它的菜单上,至少有200余种动物,包括猴子!

吃一顿，顶一周

虽然已经是黄昏时分，生物饭店里气氛还是很紧张很紧张，因为今天要来一个超级明星！

所有的工作人员都是既欣喜又害怕，既向往又担心……毕竟，这位客人实在太耀眼了，它就是现存最大的猫科动物，传说中最威风凛凛的老虎！

这位客人穿着一件黄黑相间的"连体毛大衣"——从头部到尾巴尖儿布满了黑色的条纹，而且据说每只老虎的条纹都是独一无二的。总而言之，这是一件很多动物都向往的衣服，不但颜色霸气、款式新颖、质地一流，还拥有极妙的防水性！当它从水里出来时，只需轻轻一抖，毛皮就能恢复干爽。这是因为老虎毛皮表面有大量的油脂，不会让过多的水滴附着。

"虎大王能吃200多种动物，无论小的、大的，还是野牛、野猪、野兔、猴子……没有它不能吃、吃不到的。重点是，它爱吃新鲜的肉。"生物饭店的驼鹿大厨藏在厨房里，一边自言自语一边精心准备着食物，"听说它的食量也不小，一顿至少能吃十几斤肉。我可得准

姓名：驼鹿
职务：厨师长

备充分，千万得让它吃饱了。不然的话，它要是把我们和食客一起吃了，那可就坏了！"

　　这位老虎食客，简直酷毙了。等上菜的时候，它一句话都不说，吃饭时也相当沉默。吃完之后，腾身一跃，就消失在茫茫的夜色之中……

　　"它还会再来吗？"看着老虎远去的背影，生物饭店所有的工作人员都悄悄地互相询问。

　　"它很难再回来了，至少一个礼拜都不会回来了。"老板娘也少见地惆怅了，"因为老虎吃饱一顿至少能管上一周，而且它一向独来独往，更喜欢自己打猎。所以咱们的生物饭店开业这么久，也很少见到它光顾呀。"

08
CUSTOMER
顾客

猫眼蛇／蚂蚁／埃及秃鹰／瓢虫／希拉毒蜥

有的住在树上，有的待在地上；有的远在他乡，有的近在身边。

虽然大家的长相、性格都不一样，

但某些时候，在饮食上却可以统一口味。

想吃蛋？那得看运气

世界上的事可真是凑巧呢！

就在屎壳郎、甲虫、白蚁、蝎子、蜈蚣、蟋蟀和青蛙正在亚洲象的便便里大快朵颐的时候，生物饭店居然又来了一群预约团购的客人！它们分别是喜欢吃树蛙卵的猫眼蛇、要求吃蝴蝶卵的蚂蚁、想吃鸵鸟蛋的埃及秃鹰、吃马铃薯甲虫卵的瓢虫大姐，以及什么都吃、根本不忌口的希拉毒蜥。

这下，能下蛋的动物们都紧张极了。唉，谁也不想自己的孩子成为别人的盘中餐啊！

可是老板娘说了："优胜劣汰，保持食物链的正常运转是我们生物饭店的宗旨。再说，如果那么多孩子全都活下来了，地球还不得'爆炸'啊！"

树蛙卵

甲虫卵

蝴蝶卵

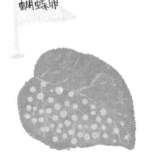

驼鸟蛋

这些能下蛋的动物们觉得，虽然老板娘说得有道理，可是太没人情味了——哦，不，是太没动物情味了！它们可绝不能让客人那么容易就吃掉自己的孩子！

于是，树蛙妈妈煞费心机地在水塘边选择了一棵高高的树，然后把卵产在叶子背面。只需要一周，蛙卵便会孵化成小蝌蚪掉到水里去。"哼，看你们能不能找到我的卵！"

马铃薯甲虫决定使劲生，反正吃掉一个卵，还有千千万万个卵！为了宝宝孵出来就有饭吃，它毫不犹豫地把鲜橙色的卵产在了马铃薯叶子的背面，一次就产了200～400个卵，

而且一年之内，这些卵变成的马铃薯甲虫还能继续生！

蝴蝶们也都有自己的办法——把孩子们生在某个秘密的地方。比如朴喙蝶总把卵产在朴树的嫩芽边；豆荚灰蝶的卵只产在扁豆花蕾的基部；黄边酱蛱蝶则在杨树细枝上产下了大量的卵，并且绕成了一个环！

鸵鸟呢？干脆给自己的蛋娃娃们每人"制作"一个厚厚的、相当结实的壳。

哈哈！团购的客人们，想吃蛋，就看你们有没有这个运气和实力啦！

09

CUSTOMER
顾客

竹节虫

全世界大约有 2500 种竹节虫。

它们属于竹节虫目，模样酷似叶子或树枝，尤其精于拟态。

有人叫它们"丛林幽灵"——

如果它们不愿意被人看见，那你就别想看见它们!

竹节虫吃了哥们儿

"我需要一些新鲜的树叶……新鲜的！"一只小小的竹节虫趴在桌子上，有气无力地对小二哥说。

小二哥看了看竹节虫那六只细细小小的足、细细瘪瘪的肚子，十分同情："天啊！你多久没吃饭了？我们有新采的树枝，树叶又绿又嫩！这就给你端来！"

竹节虫没有回答，它真的饿坏了。一盘新鲜的树枝刚端上来，它就自顾自地吃起树叶来。突然——"啊！"——它面前的食物竟然发出了一声惨叫！

食客们全停止了用餐，朝它看了过来——原来惨叫的不是树叶，是树枝……哦，不对，是另一只竹节虫在惨叫！它全身褐色、细细长长，一动不动地趴在树枝上，看起来就像树枝的一部分。原来，小二哥端上树枝时竟然没发现上面还有一只竹节虫！

这只竹节虫气愤地说："我说哥们儿，

生物饭店

你怎么这么不小心？我只不过睡了个觉，你怎么就咬掉了我一条腿啊？唉，我的腿已经被咬掉过一次了，这次好不容易才长出来！还有，我们竹节虫不都是白天睡觉、夜晚出来的吗？你怎么大白天溜出来了？难道你妈妈没有告诉你，鸟、蜥蜴、猴子都拿我们当零食吃？另外，你怎么这么爱跑？你难道不知道，动得越多越容易被发现吗？我们既不能像蚱蜢那样跳过威胁，也不能像蜻蜓那样靠飞来逃离危险，只能靠伪装！你这么一动，不就前功尽弃了？你要向前辈们学习！我们有些伟大的竹节虫前辈，就在同一棵树或同一株植物上，度过了自己的一生……"

受伤的竹节虫唠叨起来没完没了，食客竹节虫终于忍不住打断了它："可是、可是，你一动不动的话，就会被我咬到啊……"

"唉……你这个熊竹节虫！"断腿的竹节虫顿时尴尬了，而生物饭店里也爆发出一阵震耳欲聋的笑声。

CUSTOMER

顾客

驼鹿

驼鹿的食谱非常健康，它们懂养生，更懂时令。

夏天，它们吃下大量树叶、水草；随着秋天的到来，水草不再生长，树叶也落光了，

不那么鲜嫩饱满的秋冬季植物就成了驼鹿的美餐。

不挑食是个好习惯！

我想吃"天鹅绒"，你有吗

"欢迎！欢迎！热烈欢迎！"订餐专员蜘蛛小妹的声音都颤抖了。

挂下电话后，它的八只大眼睛瞪得更大了，八只脚在网线上来回地颤动，兴奋地跟店员们说道："告诉你们，刚才是我们的超级VIP客户驼鹿先生打来的电话！它马上要来用餐了。你们都知道吧？去年一年，它就从咱们位于北美洲亚寒带针叶林的一家分店里，订下了重达三吨的植物！水草、树叶、野草……来者不拒，那家分店的营业额一下子就上去了。不过这次奇怪了，它预订的菜是'天鹅绒'，你们知道这是什么菜吗？我只听说过'癞蛤蟆想吃天鹅肉'，但从没听说过有什么菜叫'天鹅绒'。"

"我知道，我知道！"最近一直在恶补生物知识的小二哥得意扬扬地回答，"让它尽管来，咱们有'天鹅绒'！你们不知道也很正常，这种菜只有雄驼鹿有——因为只有雄性驼鹿才有鹿角。为了保存能量过冬，雄驼鹿在交配季节后，鹿角就会掉下来；来年春天，新的鹿角又会长出来。随着鹿角一起成长的，还有一

NATURE RESTAURANT

层被称作'绒毛状皮'的皮肤，极为柔软，分布着很多血管，又富含蛋白质，这就是很少有人知道的'天鹅绒'了。吃了这种皮肤，能使驼鹿身体更健康，据说它的味道也不错……这种菜很珍贵啊，因为它还有季节性。到了夏季，雄驼鹿的鹿角完全长成，血管开始收缩，'天鹅绒'就会慢慢褪掉，因此极为难得。有的雄驼鹿为了吃到这顿美餐，还会自己对着树和灌木丛摩擦鹿角，扯掉自己的'天鹅绒'，吃得不亦乐乎呢！咱们这位 VIP 客人，很懂得营养学哦。"

11
CUSTOMER
顾客

吸血雀

当旱季来临，不再容易找到食物，
吸血雀们就把目光对准了当地土著鲣鸟的屁股……

最新鲜的血液大餐

一向待在前厅、最勤快、最和颜悦色的小二哥，今天却非常反常，它躲在后厨操作间里不出来了。因为被它揭露了秘密（就是"天鹅绒"啦！）而有些不爽的驼鹿厨师长责问道："小二哥，你今天怎么偷懒啦？小心我告诉老板娘！"

姓名：鲣鸟
职务：副厨师长

"别、别！"小二哥求饶道，"我不是偷懒，是因为来的客人太古怪！"

古怪的客人？这个消息立刻引起了大厨们的注意。它们纷纷跑到前厅的屏风后面，偷偷观察正在用餐的客人们——看了半天，没发现有什么特别的啊。

生物饭店

小二哥胆怯地指了指客人的位置。咦？不过是一群小鸟，貌不出众，看起来也没什么威慑力。

　　"可它们是来自加拉帕戈斯群岛的吸血雀！"小二哥悄悄地说，"我听老板娘说过，因为它们生活的小岛常年干燥，雨季很短，所以催生出的植物种子也很少，很快就会被吃完。为了获得必需的营养，这种鸟儿发展出了古怪的嗜好——它们吸食新鲜的血液！为此，它们还特别长出了一个又尖又利的喙，和生活在其他地方的雀鸟都不一样。"

大厨，你看……

NATURE RESTAURANT

正当大家暗暗惊叹的时候，老板娘高价聘请的海鸟——鲣鸟大厨已经满脸悲壮地走了出来。而这群小鸟中排在最前头的那一位立即迫不及待地跳了出来，站在鲣鸟大厨的屁股后面，像上了发条一样，不停地啄大厨的屁股，直到有血流出来……其他的吸血雀就在它后面排队等着分享美味。为了吸到更多的血，有的吸血雀还会跳跃着吸血！

　　终于，鲣鸟大厨坚持不住了，飞快地逃跑了。吸血雀们这才恋恋不舍地停止了吸血，一边付钱给老板娘，一边兴高采烈地说："下次，我们要预约鲣鸟大厨的蛋！"

12
CUSTOMER
顾客

蚁狮

蚁蛉是脉翅目蚁蛉科昆虫的成员，它们夜间出行，性格平和。

不过在它们小时候，它们的名字叫蚁狮，

那可是真正凶猛、聪明的蚂蚁杀手。

我需要在沙地用餐，谢谢

生物饭店今天又来了一单大生意——有人电话预订了六百只活蚂蚁，还特意指定要在沙地用餐，并且它要吃自助餐，不需要小二哥服务。

这项特别的要求引起生物饭店所有员工的好奇，它们纷纷猜测客人会是谁，可谁也猜不出来。最后，大家只好无可奈何地放弃了猜想："要是老板娘没出差就好了，她一定知道谁要来。现在顾客至上，我们还是准备蚂蚁和沙地吧。"

终于到了下午，预订的包间里传来"沙沙"的声音，显然客人已经到场。虽然客人不要求小二哥服务，可是小二哥还是好奇极了。它悄悄地溜到包间门口，偷偷把门推开了一条小缝。

哎呀，怎么看不见客人呢？

　　小二哥更奇怪了，它睁大眼睛，仔细搜索起来——哇，它终于看到一个圆滚滚的小家伙：六条腿，身长还不到一厘米，穿着灰黑色、布满短毛的套装，酷似小狮子。它正收缩着腹部一点一点地倒退着移动——它一边旋转，一边倒退着向下钻，制造出了一个漏斗状的"陷阱"，然后它就不见了！显然，这位客人是躲在了陷阱最底下的沙子里。

　　这时，一只事先准备好的小蚂蚁从附近爬过。突然，从下面陷阱泼出了沙子——这一定是食客干的！可怜的小蚂蚁，脚一滑，掉了下去，等再次出来的时候，已经变成了"尸体"……

　　"那是蚁狮。"当小二哥激动无比地向刚刚回来的老板娘汇报这个情况之后，老板娘懒洋洋地回答道，"它啊，酷爱吃蚂蚁，特别喜欢在沙地上制造陷阱，捉住蚂蚁吃掉。好了，我好累，现在我要去休息了，你也赶快回去干活吧，拜拜。"

CUSTOMER

顾客

红绿金刚鹦鹉

喙是鹦鹉最重要的工具，几乎可以承担任何工作，
比如剥去坚硬的果壳、筑巢、抵御外敌，
以及朋友之间互相用喙轻挠，表示友好。

我们要团购黏土

"欢迎！欢迎！热烈欢迎！"眼尖的小二哥早早地迎了出去，跟着它进入生物饭店的是十来只极其漂亮的客人——有"大力士"之称的红绿金刚鹦鹉。

红绿金刚鹦鹉长着有力的喙，长长的尾巴，打扮大胆，酷爱红绿蓝黄的彩色衣裳，虽然爱喊爱叫但性情友善，很少主动攻击人和其他动物，可以说是生物饭店开业以来最受欢迎的客人之一。所以，小二哥每次见到它们都分外高兴："各位要来点什么？各类坚果、种子，本店都应有尽有——你们可以亲自啄开！哦，还有厨师新研发的蔬菜水果大拼盘，美味可口、营养丰富，保证各位吃了还想吃。"

　　"嗯，每样都来几份尝尝！"红绿金刚鹦鹉们尖叫着，兴奋得满脸通红，"还有，别忘了我们的必点菜！"

　　"没忘！"小二哥哈哈地笑了起来，"连我们这儿的打杂小妹都知道，你们最喜欢的集体活动就是一起到家乡河岸边的黏土山崖啄食土块。放心啦，我们这里有最正宗的黏土块，而且绝对是健康食品，等下一起端上来。"

红绿金刚鹦鹉们会心地笑了起来，它们知道，生物饭店的菜肯定不会错。这儿的黏土块，和它们的家乡——中美洲热带雨林里的黏土一样，不仅含有一定的盐分，而且就像消食片一样，能帮助它们排出食物中的毒素（它们吃的食物太杂，其中难免有有毒的种类），而它们自己却一点也不会因此受伤！

红绿金刚鹦鹉也热情推荐大家一起来品尝这道菜哦！

CUSTOMER
顾客

蝴蝶

谁说蝴蝶只喝露水、花蜜的?

它们中有那么一些特别重口味：比如从卵里孵出来的第一顿吃的就是卵壳，

有的还会吸食鸟粪——这是真的!

蝴蝶小姐的古怪口味

"天哪，太颠覆我的三观了！"小二哥刚
进后厨就大喊大叫起来，"我也在生物饭店服
务两年了！见过那么多口味奇怪的食客，还真
没见过这么怪的！一只漂亮的、穿着花裙子的
弄蝶小姐，它点的竟然不是花蜜，不是露水，
不是树液，而是便便！还是鸟儿的便便！"

大厨们已经有点见怪不怪了："这也没什
么，顾客至上嘛。只不过现在新鲜的鸟粪都被
粪金龟先生们预订了，它们正计划组团向粪金
龟小姐们求婚，所以需要大量的粪便呢。要不，
你问问客人，干鸟粪可以吗？"

小二哥苦着脸出去了，很快，它带回了反
馈信息——弄蝶小姐并不介意。

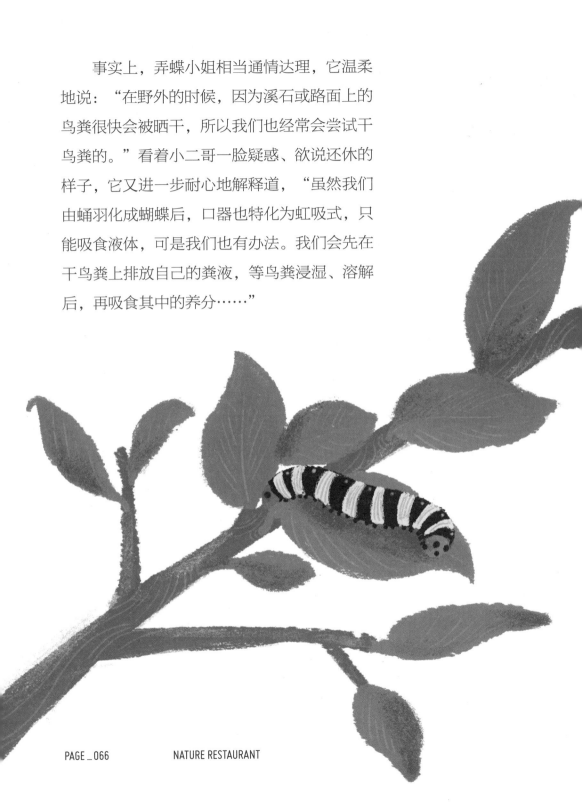

　　事实上，弄蝶小姐相当通情达理，它温柔地说："在野外的时候，因为溪石或路面上的鸟粪很快会被晒干，所以我们也经常会尝试干鸟粪的。"看着小二哥一脸疑惑、欲说还休的样子，它又进一步耐心地解释道，"虽然我们由蛹羽化成蝴蝶后，口器也特化为虹吸式，只能吸食液体，可是我们也有办法。我们会先在干鸟粪上排放自己的粪液，等鸟粪浸湿、溶解后，再吸食其中的养分……"

看到小二哥变得越来越绿的脸，弄蝶小姐情不自禁地笑了起来："小二哥，我不是爱吃鸟粪，只是因为我是雌蝴蝶，产卵时需要鸟粪中的氮元素。这点和大多数雌蚊子需要吸血一样。你不喜欢我吃鸟粪，那喜欢我吸你的血吗？"

"啊！不！不！弄蝶小姐，你太伟大了！"小二哥怀着一份害怕、两份崇敬，赶快奔进后厨房端干鸟粪去了。

生物饭店

CUSTOMER

顾客

变色龙

爬行动物变色龙拥有一个庞大的家族，约有 150 多种成员，
大部分生活在非洲和马达加斯加。它们几乎每一种都善于变色。
变色龙用这个办法隐身，表达自己的情绪，
以及彼此间沟通交流。

找不到的客人

　　"今天真郁闷，太郁闷了！"即使离得很远，似乎仍可以看到小二哥脑袋上正呲呲的冒着白烟，上面写着"别理我，我烦着呢！"

　　好心又八卦的接线员蜘蛛小妹连忙送上一杯热水："喝口水，说说看，你又遇到了哪位稀奇古怪的食客？"

　　"还不是那条变色龙！"小二哥说道，"这家伙嘴最刁了，每次都点不一样的昆虫！什么蟋蟀、草蜢、苍蝇、番茄天蛾幼虫、烟草天蛾幼虫、蚕、蜡虫、蟑螂……它已经吃了个遍，还说什么'单一的食物会让我不健康'。本来这没什么，咱是开饭店的嘛，就要尽量满足客人的用餐需求。但你能想象吗？每次当我端上它要的昆虫从后厨走出来的时候，明明看见它坐在那里，可一眨眼的工夫，它就不见了！害得我傻乎乎地东找西找！这种事已经发生太多次了！你说郁闷不郁闷！"

　　"哈哈！"蜘蛛小妹想到小二哥端着食物着急的模样，也忍不住大笑起来，"变色龙这是怎么回事啊？你还是去问问老板娘吧！"

黄.绿

蓝.白.红.橙.紫

棕黑.黑

老板娘
小课堂

说曹操，曹操到。蜘蛛小妹话音刚落，老板娘就走了进来。

"这是因为变色龙总是很警惕很小心，恰好呢，它又拥有最棒的变色本领。"老板娘告诉小二哥，"它的皮肤表层有三层色素细胞——在外层皮肤下面，第一层是黄色素与绿色素细胞，接着的第二层是蓝、白、红、橙和紫色素细胞，最深一层是具有棕黑色素的黑色素细胞。在神经的刺激下，这些细胞能使色素在各层之间交融转换，所以变色龙可以任意变化自己的表皮颜色。通常只要二十秒，它就可以改变身体颜色，然后一动不动地将自己完美地融入周围的环境里。不过，小二哥，你别着急，变色龙虽然善于变色，但它的活动能力并不强。它常常会一动不动地待上好几个小时呢。所以下次呀，你只要把菜放在它消失的桌子上就可以啦！"

生物饭店

CUSTOMER
顾客

蟑螂

它生于恐龙之前，却不为人知；

它酷爱吃粪便，却极爱干净；有人爱它如命，有人恨它入骨。

它，就是蟑螂。不过，现在更多的人喜欢叫它"小强"。

的确，它绝对称得上是地球上最强悍的生物之一。

吃嘛嘛香，胃口倍儿棒

生物饭店的小二哥怎么也没有想到，见识过这么多奇奇怪怪的食客之后，它还能遇到这么"与众不同"的客人。

蟑螂先生第一次来的时候，坐在桌子旁的它，一边一本正经地用嘴仔仔细细地清理它一节一节的长触角，一边漫不经心地说："小二哥，随便上点菜！我不挑食。但不用太多，我食量不大。"

小二哥麻利地送上了一小碟植物残渣，蟑螂先生吧唧吧唧吃过后，走了。

等它再次光临饭店的时候，小二哥换上了一碟残羹剩饭，蟑螂先生依然没有异议。再后来，小二哥又分别送上过书籍、衣物、刷鞋的刷子、电线胶皮、硬纸板、肥皂、油漆屑、皮革、头发……可是，无论是香的、臭的，还是硬的、软的，蟑螂先生都照单全收，从不抗议！甚至有一次，小二哥壮着胆子送上了一些刚蜕皮的小蟑螂……结果，蟑螂先生既没有心里不安，也没有消化不良，它吃得那叫一个香！不得不说，最后这件事情在生物饭店里已经成了一个传奇。之后，这个传奇又传到了老板娘的耳朵里。

　　一向好脾气的老板娘在难得批评了小二哥的"恶作剧"之后，又满足了大家的好奇心，解释道："蟑螂有一个钳子似的咀嚼器，还有一个跟鸟类的'嗉囊'结构相似的'砂囊'，能把任何食物统统磨碎吃掉，所以它们吃嘛嘛香，从不会消化不良。它们的身体素质也很棒，一只蟑螂能够在糨糊里活一个星期，只要有水喝就可以活一个月，即便没吃没喝仍然可以活三个星期。不过，蟑螂不挑食不代表它不偏食哦！它尤其喜欢吃脂肪类食物，所以还有个'偷油婆'的绰号。不信，小二哥，你下次上份油饼试试看，说不定蟑螂先生还会给你小费呢！"

又是随便……

生物饭店

CUSTOMER
顾客

蜗牛

除了慢腾腾，蜗牛最令人称道的是它的牙齿——

它们跟人们看到的任何牙齿都不一样，被称为"齿舌"。

齿舌里长着一排排小小的牙齿。有些蜗牛只有几颗，有些则长着成千上万颗。

随着时间的推移，磨坏的牙齿还会被新的牙齿取代。

动不动就躲到壳里的客人

忙碌的一天结束了。生物饭店的员工们终于可以坐下来喘喘气、聊聊天啦。待在饭店久了，见过的稀奇古怪的事情自然也不少，而这些都成了大家茶余饭后最喜欢说的事。

首先开口的是小二哥，今天它很郁闷："我又遇见那个讨厌的食客了！"

"这可不是咱们服务人员该有的态度呀。"大家都纷纷批评它，"上门都是客，你怎么能这么说？"

"天大的冤枉呀！"小二哥大声喊起冤来，"我的服务态度一向都很好，可是……可是这位客人实在太令人郁闷了。"

"它是只蜗牛。"小二哥继续说道，"是的，它很温良无害，个头很小，背着小小的壳；要求也不多，吃的也不过是嫩叶、果实和茎之类的素食，确实算是一位很好招待的客人了。可是，它太爱睡觉了！你们根本想不到，但凡天气冷一点、热一点，或者干燥一点，它就会缩到壳里去！根本不管自己是不是刚刚点了饭

生物饭店

菜，也不管我是不是正把饭菜端上桌。"

"不仅如此，这位蜗牛客人还总是用一层不透气、不透水的薄膜封住壳的开口，有时候还用柔韧的腹足牢牢堵住……然后一动不动地待上几天，甚至好几周。这期间它既不需要食物，也不要水，任凭我喊破喉咙都不醒，而我端来的饭菜最后往往馊了坏了，只好倒掉。"

"幸好这几天还有爱吃残羹冷炙的蟑螂先生前来用餐。不然，我都不知道该怎么跟老板娘交代了。"小二哥最后抱怨道。

"唔，这样是挺讨厌的。"大家恍然大悟，可是小二哥还没停止它的控诉："你们知道吗？它还非常胆小！上次有只青蛙来用餐，它吓得躲到壳里，我怎么劝它都不出来。"

　　"你知道它为什么躲到壳里吗？"一直安安静静听着的老板娘说话了。

　　"……不知道。"

　　"因为它基本上没有自卫能力，它唯一能保护自己的，只有这个薄薄的、碳酸钙材质的壳！面对这样无助的弱者，我们应该嘲笑它吗？"老板娘的一句话，让大家纷纷低下了头。

CUSTOMER
顾客

木蚁

有的蚂蚁活着，可是它已经死了——
说的就是这种被真菌控制了脑部的木蚁。

木蚁死在饭店，是意外还是谋杀

　　一向热闹祥和的生物饭店居然发生了一起极其恶毒、凶残的凶杀案！

　　最先发现受害人的正是小二哥。据小二哥回忆，当时它看到木蚁如同僵尸一样，毫无生气地走来走去。一开始它就有点疑惑：这只木蚁怎么不在木头里挖通道，大白天就溜出来了？后来，它为木蚁端上了木蚁家族最爱吃的水果拼盘，但这只木蚁不但一点也不感兴趣，反而依然像无头苍蝇似的，盲目地到处走来走去。

　　最后，这只木蚁走到生物饭店旁边、靠近地面的一片树叶下面，用强有力的下颚死死咬住主叶脉，然后，再也没见它动过。

它死了！

可是，随后又发生了更可怕的事——大约两三天后，木蚁身体里长出了白色的菌丝；又过了一个星期左右，木蚁脑袋上方长出了棕红色的东西，还结出了棕红色的孢子囊。

老板娘勘察了第一现场后，第一反应就是：这只木蚁"中邪"了！

就在大家震惊之余，老板娘娓娓道出了原委：原来，在自然界，生活着一种"巫师真菌"。

虽然这种真菌貌不惊人，但早在 4800 万年前（比喜马拉雅山脉的隆起时间还要早！）

生物饭店

NATURE RESTAURANT

就进化出了控制"僵尸傀儡"的能力。它的孢子细小、众多，来无影去无踪，能在木蚁经过时随时附在木蚁身上。一旦温度、湿度、营养条件都合适，它便会茁壮成长，并释放出一种可怕的化学物质，控制住木蚁的神经系统，驱使着"木蚁僵尸"四处寻找目标——长得不高不矮、恰好距离地面25厘米左右的新鲜叶子。对"巫师真菌"来说，这儿是热带雨林中最美好的地点，因为这里湿度最大，温度相对凉爽。它们在这儿可以实现自己的终极目标：吸收木蚁的营养，生儿育女，长出孢子。然后，它们还会把孢子发射出去，静静等候另一只倒霉木蚁的到来……

19

CUSTOMER
顾客

树鼩

爱喝酒的树鼩居然把劳氏猪笼草的猪笼当成了马桶，

它可没有喝醉哦！

更令人百思不得其解的是，杀虫不眨眼的劳氏猪笼草对此表示"十分欢迎"！

必须坐到马桶上用餐

　　一直以来，生物饭店的宗旨就是"食客是上帝，以满足食客的要求为己任"，所以无论小二哥、大厨师还是订餐专员，都对食客们各种古怪的要求习以为常了。可没想到的是，今天来的这位，还是让它们大跌眼镜！

　　因为，今天来的这位树鼩先生，不仅个头小，模样怪，活像嘴巴又尖又细的小松鼠，而且它一进门就扯着嗓门大喊大叫："花蜜，花蜜，我要花蜜！"可是，还没等小二哥送上花蜜，树鼩先生又提出了一个奇葩的要求："我还需要一个马桶！"

　　马桶？吃饭还要马桶，这是什么毛病？那它会不会一边吃一边便便呢？

　　小二哥愁坏了，马上找到老板娘，把来龙去脉一一汇报。老板娘却扑哧一笑，胸有成竹地说："好家伙，一定是树鼩先生来了吧？快把它带到雨林专区，那棵我珍藏多年的劳氏猪笼草就是为它准备的！"

小二哥吓坏了——劳氏猪笼草可是植物界中的"顶尖杀手"，尤其是老板娘带回的这棵——它的叶子顶端有一个带盖的大捕虫笼，笼子里足可以塞进三大瓶一升装的可乐。老板娘早就提醒过大家，千万不要被笼口、笼盖分泌的那些又香又甜的蜜汁诱惑了，要是一不小心滑进袋子里，十有八九小命不保。这个可怕的笼子曾经杀死过很多小昆虫，甚至还有一只倒霉的小老鼠！

"难道老板娘和树鼩先生有仇？"小二哥心里嘀咕着，但还是听话地带着树鼩先生小心翼翼地向雨林专区走去……谁知道刚看见猪笼草的影子，还没等小二哥介绍完情况，树鼩先生便两眼放光，直冲劳氏猪笼草而去！它三下五除二地爬到劳氏猪笼草的"笼子"上，利索地蹲下去，一边舔食猪笼草叶瓣上的花蜜，一边竟然开始大小便！

　　小二哥完全惊呆了……这是什么状况？更令它目瞪口呆的是，树鼩先生吃完拉完之后，还在这棵劳氏猪笼草的叶边摩擦了几下——在动物界，很多动物都喜欢这样做标记，表示"这是我的啦！"然后才心满意足地离去。

这是怎么回事？小二哥简直要晕倒了。

"哈哈，这是'共赢'啊！"一旁的老板娘却笑得更爽朗啦，"树鼩先生喜欢甜食，劳氏猪笼草却喜欢它的便便。这么说吧，和所有的肉食植物一样，劳氏猪笼草虽然喜欢吃肉，但它需要的其实不是肉，而是动物体内的氮元素。便便的重要成分，恰恰就是氮元素，因此，为了氮，为了生存，劳氏猪笼草就豁出去，变身'马桶'啦。一只树鼩的体重大约有150克，为了让树鼩更安全、更稳当地蹲在上面，劳氏猪笼草一直以来在逐渐地进化，不但'马桶'更坚硬，而且边缘也变得粗糙了，同时还在'马桶盖'上分泌出更多的蜜汁，以增加树鼩的好感，让它们更勤快地跑来边吃边拉。哈哈，瞧，树鼩先生这次不是专门为它而来了吗？我啊，相信它下次还会来的，而且一定会成为我们的忠实顾客。不信就等着瞧吧！"

20
CUSTOMER
顾客

绿海龟

从小到大，和很多动物一样，绿海龟的食物几经变化。

令人不解的是，每当它遇到水母，

都会情不自禁地闭上眼睛……

吃这道菜要闭眼

　　欢迎光临生物饭店的海洋专区旗舰店！

　　俏丽可爱的老板娘在这儿开设了一家分店，由小二哥小丑鱼专门负责。

　　小丑鱼是个顶机灵的家伙。只要工作间隙或下班闲暇，它就马上藏在这儿最大、最美也最凶的海葵员工屋里——那里不仅是它的休息室，也是它的保护伞——每当有吃肉的鱼儿食客想对小丑鱼下手，海葵就会放出有毒的触手，吓得那些家伙马上掉头就跑，逃之夭夭！

　　不过，大多数时候，小丑鱼还是愿意出来工作的，因为它很喜欢和各种各样的顾客打交道。这不，今天就游来一位熟悉的老顾客——它穿着一身"钢盔铁甲"，坚硬堪比骨骼的背甲、腹甲等紧紧地包住身体，只露出四肢和头。小丑鱼估计它的背甲差不多有 20 厘米长，看起来是只顶年轻的海龟呢！

　　"绿海龟，你好啊！好久不见！欢迎再次光临生物饭店！请问，今天你是想来一份浮游生物组合餐，还是水草和马尾藻素食套餐啊？我这就给厨房下单去……"

"别忙，别忙。"绿海龟笑了起来，"我啊，小时候爱吃浮游生物组合餐；成年之后呢，爱吃水草；但我现在吃得比较杂，可以说是什么都吃，小鱼啊小虾啊都行……当然，有新鲜的水母也不错哦！"

　　"水母？有，有，当然有！"热情的小丑鱼马上端出了一盘犹如果冻一样晶莹剔透的水母，它们的触手还在不停地舞动呢，仿佛在说："我有毒！谁敢吃我，我就蜇得它乱跳！"

　　可绿海龟却全不在意的样子。它大口大口、嘎吱嘎吱地嚼了起来，就像在吃一大盘 Q 爽

生物饭店

粉丝。好奇心颇强的小丑鱼发现，绿海龟吃水母的时候竟然一直闭着眼睛——即使自己和它说话，问它对菜品满意不满意的时候，它也不肯睁开眼睛呢！

　　小丑鱼好奇极了。一回到海葵员工间，它就迫不及待地连线老板娘，第一时间进行了询问："老板娘，老板娘，我发现了一件顶有趣的事儿！绿海龟吃水母大餐的时候竟然闭着眼！还有啊，它的体色根本不绿呀，为什么叫绿海龟呢？"

老板娘忍不住笑了起来："别看绿海龟全副武装，可它的弱点就是眼睛——因为害怕用餐时水母蜇它的眼睛，所以就闭着眼吃喽！还有，因为它长大之后爱吃海草，叶绿素都堆积在脂肪里，弄得脂肪呈现出特别的墨绿色，所以才叫绿海龟，这和它的体色可一点关系都没有呢。不错不错，这么年轻就有这样一副好胃口，绝对是生存的一大优势。我猜这位顾客啊，以后可以活到八十岁，体重也许能长到足足八百斤呢。"

生物饭店

21
CUSTOMER
顾客

沙地虾虎鱼

当灾难可能来临时，

沙地虾虎鱼先生首先做的是收回自己前期的投资：

吃掉自己的孩子！

它，吃掉了自己的孩子

"太、太恐怖了！"小丑鱼哆哆嗦嗦地从店堂里游回操作间，引得厨师们大为不满："小丑鱼，你老来我们这儿干什么？想改行做厨师吗？"

"不……不是……"小丑鱼话都说不出来了。

螳螂虾大厨拍了拍它的鳍，"好了好了，别害怕，镇定一下，你看到什么啦？"

"是，是，是……"小丑鱼深呼吸了一下，接着又吞了一大口口水，开始结结巴巴地诉说起来。

中午，就在前面的海洋餐厅里，小丑鱼正在招呼客人的时候，突然在一个隐蔽的角落里看到那个熟悉的老顾客——沙地虾虎鱼先生。原来，它自从前段时间在这儿借场地结婚之后，已经正式升级当了爸爸。现在，它正守护着一

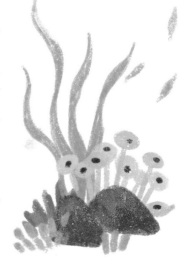

窝小小的鱼卵，寸步不离地盯着呢！

小丑鱼连忙游了过去："你好，沙地虾虎鱼老爹！你真是幸运的老爸，一下子拥有这么多孩子，个个都那么帅！这次你要来点什么？"

没想到，沙地虾虎鱼老爹听了小丑鱼的话，显得很郁闷。它没好气地回答说："哼，娶了好几个老婆，每个都留给我一堆孩子就跑了，我有什么好幸运的！哼！我几天没吃饭了，给我来点水草吧，随便来点就行。"

小丑鱼听完它的话，赶紧下单。谁知道，这时餐厅里又来了两只褐色的虾，沙地虾虎鱼老爹看到它们，好像一下子吓坏了——它竟忽然跳起来，大口大口地吞吃起自己的孩子，然后就抱头鼠窜了……

"真是吓死我了！"小丑鱼心有余悸地说。

"别怕别怕。"特别打电话来的老板娘安慰着小丑鱼，"这看起来很可怕，其实也是有原因的。沙地虾虎鱼总是由爸爸亲自照顾孩子。不过，这些老爸也不会一直守在孩子们旁边直至孵化，有时候，它们可能觉得这窝鱼卵不值得自己守护，比如想换个地方的时候，或者遇到了天敌——倒霉的沙地虾虎鱼老爹，那两只褐色的虾一定是它的死敌了，所以它才会吃掉自己的孩子们……这样它至少可以吃一顿不要钱的大餐，收回一点前期的投资。虽然听起来很恐怖，可这也是事实啊！"

22
CUSTOMER
顾客

红海龟 / 紫螺 / 翻车鱼

如果你在海滩上遇到僧帽水母，医生一定会提醒你"远远避开！即使它已经死亡！"因为它毒性犹在，被它蜇伤后会剧痛，并且可能留下伤疤，可能会感觉生不如死……但紫螺、翻车鱼和红海龟却不这么认为。

剧毒的自助大餐

今天真是值得记录的一天！

因为生物饭店的海洋专区漂来了一群特别的"客人"。即使是热情好客、见多识广的小丑鱼，见到它们心里也有点犯嘀咕。虽然不怕它们，但小丑鱼也知道，万一惹恼了这群"客人"，自己的职业生涯十有八九会遇到大麻烦！

它们正是大名鼎鼎的僧帽水母。

漂浮在小丑鱼面前的这一群，全身泛着漂亮的蓝紫色，个个都长得有些像济公戴的那顶僧帽。准确地说，它们是一种管水母，是一个包含水螅体和水母体的群落。在这个群落里，每一个个体都高度专门化，互相依靠，不能独立生存。

"听说有人在你这儿订餐，主食就是我们？"僧帽水母们一边展示自己长达几米乃至十几米的触手，一边漫不经心地问，"现在我们来了，订餐那家伙在哪儿啊？"同时，它"嘭"的一下甩出触须，抓住几条没跑远的小鱼，大吃起来，"对了，我们前几天还蜇死了一个人，你听说了吗？"

TIPS

一般来说，僧帽水母整个群落的最顶端是浮囊体，浮囊体是一个泡状的气囊，负责使整个群落能够漂浮起来。浮囊体下面非常短的水螅体是生殖体，没有口和触手，但是有生殖功能。比较长的水螅体是营养体，营养体有口，而且还有一条能长能短的触手，可以进食。最长的水螅体是指状体，上有大量的刺细胞，刺细胞中有毒素。

小丑鱼小心翼翼地在僧帽水母的触手间游过："没有，没有，这是没有的事儿，直到现在我也没接到过这样的订单。哦，知道，知道！这么厉害的事情我当然听说了。你们的触手上有成千上万个刺细胞，个个都能分泌致命的毒素，毒性之烈不输于当今世界上任何一种毒蛇。别说在咱们这片海域，即便放眼整个海洋，大名鼎鼎的僧帽水母谁人不知谁人不晓呢？谁敢吃你们啊？"

"这还差不多！"僧帽水母们得意得简直要飞起来了。

然而，僧帽水母并没有得意太久……突然，它们骚动起来："哎呀，快走！快走！"

可是，已经来不及了！

有着浪漫紫色外壳的紫螺，乘坐着特别的泡泡浮筏，随着风浪来了。它毫不客气地就近找到一只僧帽水母，用特殊的齿舌细细地刮食起来——它的齿舌上大约有几千个小小的"牙齿"，刮起来特别带劲："嗯，嗯，味道不错。"

"的确美味啊。"不知什么时候，悄无声息游过来的、超大个头的红海龟也闭着眼睛点头称赞，它正大口大口地咀嚼着僧帽水母，连剧毒的触手也不放过。"又 Q 又脆，口感一级棒……下次我一定要邀请我的好亲戚绿海龟尝尝看。"

　　皮厚的翻车鱼也慢腾腾地游来了。这家伙模样古怪，看上去活像一个"会游泳的大脑袋"。"哈哈，你们躲起来吃僧帽水母，也不叫我！不过没关系，我找得到！"说着，它一边毫不客气地撕扯僧帽水母，一边嘟囔，"这玩意儿就是水分太多，一定得多吃一点才管饱呢。"

此刻，生物饭店里真是一片混乱。

猜猜看，这个时候咱们的小二哥小丑鱼在哪儿呢？

嘿嘿，它当然是躲在海葵屋里，悄悄给老板娘打电话汇报现场啦："老板娘，老板娘，这次筹备自助餐的过程可真是跌宕起伏呀！"

"所以说，"电话那边响起了老板娘又甜又脆的声音，"在咱们这家饭店里啊，没有永远的王者。小丑鱼，你一定要保护好自己，小心被误伤哦。"

23

CUSTOMER

顾客

棘冠海星 / 鹦嘴鱼

对于某些海洋动物来说，珊瑚们不但能建成珊瑚礁，

还是一道不可多得的美餐……

今天是珊瑚日

今天，是生物饭店海洋专区旗舰店的"珊瑚日"——换句话说，今天店里只供应珊瑚，各种各样的珊瑚！有的像鹿角，有的像鞭子，还有的像扇子……

话说，刚接到老板娘这个通知时，店小二小丑鱼有点纳闷。它当然认识珊瑚，从小它的邻居就是珊瑚。可是，珊瑚有什么好吃的呢？虽然它们色彩丰富，造型多变。

"不知道今天会不会有顾客……唉，说不定还会影响我的营业额，真不知道老板娘怎么想的……"小丑鱼嘟囔着，但仍然一大早就恭恭敬敬地守在餐厅里，开门迎客。

谁知道，刚到营业时间就冲进来一大群大大小小的棘冠海星。如同它们的名字，这群家伙除了腹部之外，身体表面几乎长满了坚硬的棘刺，棘刺里还有可怕的毒。来客们乱七八糟地叫嚷着："终于等到珊瑚日啦！""大家放开肚皮吃啊！"然后，像饿死鬼似的纷纷爬上不同的珊瑚，把胃吐出来覆盖在珊瑚上，大吃起来。这群家伙吃得太快了，没多久，一大片珊瑚就变成了白生生的"骨骼"……

"哎呀，来晚了，来晚了……"还没等看傻眼的小丑鱼反应过来，外面又游来了一群鹦嘴鱼。它们个个长着鹦鹉嘴一样的嘴巴，一边互相抱怨着，一边争先恐后地涌了进来，分别选择了自己中意的珊瑚，痛痛快快地啃了起来……

　　终于，热闹的一天结束了，顾客们将准备好的食物一扫而空，小丑鱼也乐开了花。不过，它还有好些问题要问问老板娘，于是又在休息时间打通了老板专线。

　　"老板娘，老板娘，我才知道，棘冠海星原来这么爱吃珊瑚啊！"

　　"当然啦，棘冠海星一直是吃珊瑚大户，大部分珊瑚它们都喜欢吃。嗯，准确地说，它们其实吃的是珊瑚虫——你一定也知道，珊瑚不是植物而是动物，而且还是一群动物。珊瑚的每一个'枝叶'都是由成千上万独立的小珊瑚虫组成的，它们常常伸出一圈小小的触手，用来捕捉路过的微小浮游生物。而棘冠海星就像牛羊吃草似的，把那些珊瑚虫吃光，只留下骨骼。"

　　"还有，鹦嘴鱼也来了呢！"

　　"哈哈，这群蹭吃的家伙。它们啊，一定是冲珊瑚上的藻类来的，可是它们用坚硬的门齿啃来啃去，难免会啃进去一些珊瑚。哦，不，不用担心，鹦嘴鱼绝对不会消化不良，因为鹦嘴鱼的喉部还有一套更坚硬的咽喉齿，完全可以把吃进去的珊瑚磨碎。当鹦嘴鱼把这些珊瑚和便便一起拉出来后，被磨碎了的珊瑚就变成了珊瑚砂。珊瑚砂能卖不少钱呢。嗯，咱们这桩生意做得不赔本！"

24
CUSTOMER
顾客

短指和尚蟹

和大多数蟹都不一样的是：

因为甲壳是圆形，所以短指和尚蟹的行走方式是向前走而不是横向走的。

不过，这和它们在生物饭店的表现一点关系都没有。

沙泥竟然也是一道菜

"真是海洋大了，什么鱼儿都能遇到；干的时间长了，什么单子都能接到……"店小二小丑鱼正在嘟囔着的时候，却没想到自己的话被接线员蜘蛛小妹听了个一清二楚。

"快说，快说，你又遇到什么奇怪的顾客啦？"八卦的蜘蛛小妹很兴奋，眼睛瞪得溜圆，八条腿下的蜘蛛网也颤动个不停。

"嘿！你说奇怪不奇怪！"小丑鱼正有一肚子话要说呢，总算逮到了个机会，"我今天接了个大单子，足足有超过一千个客人，都要求安排到潮间带的包间里——哦，你在陆地上生活不知道，所谓的潮间带，就是指涨潮时被水淹没，退潮时露出水面的海边。"

"这有什么问题吗？"蜘蛛小妹很困惑。

"当然没问题！咱们这里，哪个地方没招待过客人啊！有意思的是，它们订的菜是黑黝黝、黏糊糊的沙泥——而且要求特别新鲜，最好是从海底现挖出来的，不需要任何清洁处理！"

"呃？"这下子，蜘蛛小妹也晕菜了，"海里面还有吃泥的？这泥有什么好吃的？"

　　"不管了，我呀，把单子直接交到了后厨。啊！客人来了，回头聊！"正说着，小丑鱼突然看到一大群食客。它们成群结队而来，犹如行兵打仗似的。

　　"我们订的就是沙泥餐。"领头的这位笑得特别开心。它有着圆球状的、直径大约 2.5 厘米的甲壳，光滑无比，犹如蓝紫色的和尚头，双眼极其细小，细长的步足与螯脚呈白色，步足与头胸甲相接处却是红色的。总而言之，它全身上下颜色搭配得相当艳丽，看起来既精致又十分财大气粗。"小二哥，沙泥味道不错呢，等下我们请你尝尝啊。"

"哦，不，不，谢谢啦。"小丑鱼连忙摇头又摆尾，引着客人来到包房，它可不敢尝试。不过，来者也不在意，它们用汤勺一样的双螯仔仔细细地刮取沙泥，一边刮，一边向嘴里送，一边吐。准确地说，它们吃进去了沙泥，却吐出了圆圆的小泥球，吃得特别津津有味。

　　这下子，小丑鱼彻底蒙了。等客人们打着饱嗝出去之后，它忍不住悄悄尝了一口沙泥，"啊，呸，这是什么味儿啊！"

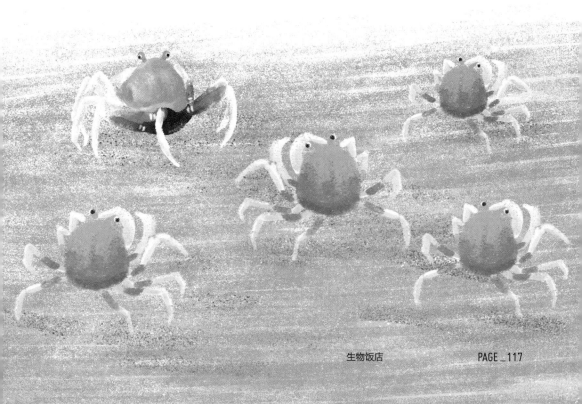

老板娘听到小丑鱼的话，笑得合不拢嘴："哈哈，小丑鱼，你不知道，这些客人正是短指和尚蟹。它们爱吃沙泥不假，但它们吃的又不是沙泥——因为它们有着特殊的本领，能用口器里的水把沙泥和有机食物、藻类分开，然后吃下有机质和藻类，毫无'内涵'的沙泥则被弄成圆泥球吐了出来，从而避免大家吃到别人吃过的沙泥。除了和尚蟹，有同样爱好的还有大鳞梭们，它们的幼儿时代是在海水中度过的，稍大一点就喜欢到红树林区去，在那儿一口一口挖食海底的沙泥等碎屑，再经由鳃盖把沙泥等非有机物质排出来。"

　　好啦，小丑鱼要休假了，生物饭店海洋专区的汇报也暂时告一段落。如果想继续听生物饭店里的那些故事，不妨等小丑鱼休假回来哦！

当成语遇到科学

动物界的特种工

花花草草和大树，
我有问题想问你

生物饭店
奇奇怪怪的食客与意想不到的食谱

恐龙、蓝菌和更古老的生命

我们身边的奇妙科学

星空和大地，
藏着那么多秘密

遇到危险怎么办
——我的安全笔记